I0503571

HPLC COMO PRIMER MÉTODO EN EL SCREENING DIAGNÓSTICO DE LAS HEMOGLOBINOPATÍAS

ÍNDICE

I

DEFINICIÓN DE CROMATOGRAFÍA

La cromatografía es un método de análisis con el que se han obtenido resultados sumamente espectaculares, en el campo de la química biológica.

Mijaíl   Tswett
Russian-Italian botanist (1872-1919)

En 1906 Tswett definió la cromatografía como método en el cual los componentes de una mezcla son separados en una columna adsorbente dentro de un sistema fluyente.

En 1944, GORDON, MARTÍN y SYNGE dieron la siguiente definición: procedimiento técnico en análisis por percolación de un líquido a través de una materia finamente dividida o porosa, sin distinción de los procesos fisicoquímicos que conducen a la separación de las substancias del aparato.

Recientemente la I.U.P.A.C define la cromatografía como:

Método usado principalmente para la separación de los componentes de una muestra, en el cual los componentes son distribuidos entre dos fases, una de las cuales es estacionaria, mientras que la otra es móvil.

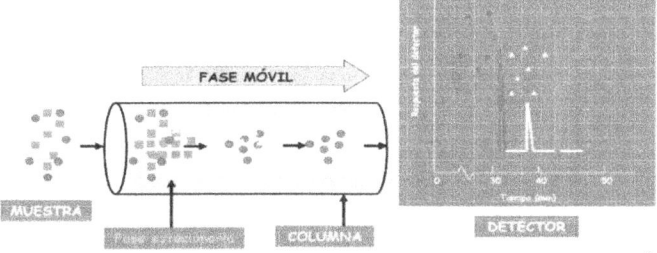

La fase estacionaria puede ser un sólido o un líquido soportado en un sólido o en un gel (matriz). La fase estacionaria puede ser empaquetada en una columna, extendida en una capa, distribuida como una película, etc...

Se utiliza el término general de lecho para definir las distintas formas en que puede encontrarse la fase estacionaria. Las separaciones cromatográficas se consiguen mediante la distribución de los componentes de una mezcla entre la fase fija y la fase móvil.

La separación entre dos sustancias empieza cuando una es retenida más fuertemente por la fase estacionaria que la otra, que tiende a desplazarse más rápidamente en la fase móvil, las retenciones mencionadas pueden tener su origen en dos fenómenos de interacción que se dan entre las dos fases y que pueden ser:

1.-La adsorción, que es la retención de una especie química por parte de los puntos activos de la superficie de un sólido quedando delimitado el fenómeno a la superficie que separa las fases o superficie interfacial.

2.- La absorción, que es la retención de una especie química por parte de una masa, y debido a la tendencia que esta tiene a formar mezcla con la primera, absorción pura, o a reaccionar químicamente con la misma, absorción con reacción química, considerando ambas como un fenómeno másico y no superficial.

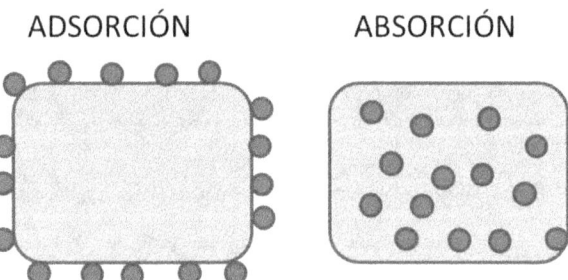

A esta técnica se le dio el nombre de cromatografía porque en los primeros análisis practicados trataban de separar substancias coloreadas; por él podían fácilmente distinguirse los constituyentes del producto examinado, que aparecían en la columna que los había retenido. Pero poco a poco, vistos los primeros éxitos obtenidos se pensó en realizar el análisis de substancias incoloras, lo cual hacía necesario el empleo de diversos artificios para poner en evidencia los productos separados. Son varios los que pueden emplearse:

-Transformar los cuerpos en derivados coloreados transformando los fenoles en azóicos coloreados mediante el empleo de la paranitranilina diazoada.

-Añadir a la columna un indicador coloreado, de acidez (es decir, de ph) conveniente, como el metil naranja o el antociano, que dan a la columna un color uniforme: los diferentes constituyentes de la mezcla, que tienen ph distintos, comunicarán al indicador coloreado matices diferentes con lo cual podrán separarse uno de otro.

-Método del pincel; cuando el líquido objeto de análisis se ha vertido sobre la columna se saca ésta del tubo que la contenía y se traza de arriba abajo de la misma una raya con un pincel mojado en un reactivo convenientemente escogido como, por ejemplo, permanganato de potasio; este reactivo toma un color distinto al ponerse en contacto con cada una de las substancias que se encuentran fijadas en la columna.

-En algunos casos, los cuerpos son fluorescentes basta con iluminar la columna con un foco de luz ultravioleta para que las substancias fijadas se manifiesten por sí mismas; en algunas ocasiones se impregna la columna, antes de verter en ella la materia objeto de examen, de una substancia fluorescente. Se han separado los esteres naturales de la vitamina A extraída de los aceites de hígado de pescado, con una columna de alúmina de cualidades de adsorción diferentes. Este método se utilizó también para separar unas de otras hormonas que en estado natural se hallan aisociadas, como la estrona, el estriol y el estradiol; para la separación y purificación de antibióticos, como la estreptomicina; la penicilina fue purificada por ABRAHAM y CHAIN por cromatografía sobre alúmina.

Es importante también señalar la cromatografía sobre cambiador de iones. Se da este nombre a sustancias, que pueden ser ácidas o básicas, que cambian fácilmente su hidrógeno o sus metales o sus grupos ácidos con los cuerpos con que entran en contacto.

II

HISTÓRIA DE LA CROMATOGRAFÍA

La cromatografía adquiere importancia cuando en 1850, el químico F.F.Runge trabajaba con tintas y descubrió que los cationes orgánicos se separaban por migración cuando se depositaba una disolución que los contenía sobre un material poroso, como papel.

En la naturaleza ocurren procesos parecidos cuando disoluciones pasan a través de arcilla, rocas, etc...

En el año 1906 el botánico ruso TSWETT separó los distintos constituyentes de la clorofila, hizo pasar una solución de materias colorantes de plantas verdes a través de una columna de carbonato de calcio; en ésta aparecieron varios discos distintamente coloreados: los pigmentos se habían separado unos de otros.

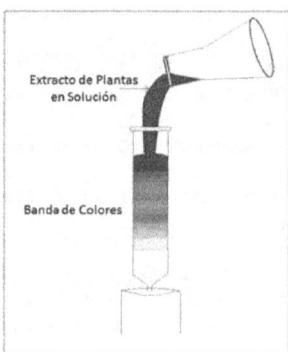

Este método no volvió a emplearse hasta 1931, KUHN y LEDERE consiguen separar los colorantes de la yema de huevo, separaron los carotenos y los xantófilos, empleando para ello una columna de alúmina activada por varias suspensiones en agua, separadas mediante diversos secados. Este procedimiento constituye la llamada cromatografía en columna; el proceso fisicoquímico que se emplea en él constituido por la diferencia de los coeficientes de absorción del sólido para los diferentes constituyentes de la mezcla. Los mayormente absorbidos, es decir, aquellos que se fijan más fácilmente en la superficie del sólido, quedan retenidos en la parte alta de la columna, mientras que los menos absorbidos quedan fijados más abajo.

Posteriormente los químicos Khun, Kamer y Ruzucca desarrollan la cromatografía en el campo de la química orgánica e inorgánica, y obtienen el premio Nobel por sus trabajos en 1937, 1938, 1939 respectivamente.

A partir de 1940 los métodos cromatográficos adquieren extensión mundial de forma que en 1940 Tiselius divide los métodos cromatográficos:

- cromatografía por *análisis frontal*

- cromatografía *desarrollo por elución*

- cromatografía *desarrollo por desplazamiento*

Obtuvo el premio Nobel por sus trabajos en 1948.

Posteriormente se hicieron diferentes modificaciones, pero el paso más importante fue dado en 1941 por MARTÍN y SYNGE con la cromatografía de partición.

Su principio es muy distinto del de la absorción. Puso la mezcla a estudiar en presencia de dos disolventes distintos; cada uno de los constituyentes de 1:1 mezcla tiene un determinado coeficiente de solubilidad en cada uno de los dos disolventes y, por consiguiente, un coeficiente de partición característico.

Se llama coeficiente de partición de una substancia dada entre dos disolventes a la relación de sus coeficientes de solubilidad en aquellos dos disolventes. La propiedad física fundamental empleada para la separación de los constituyentes de la mezcla es, pues, la desigualdad de los coeficientes de partición de las substancias constituyentes.

Prácticamente, uno de los disolventes es siempre el agua, y el otro un disolvente orgánico; el agua es sostenida por un gel de sílice o de almidón impregnado y dispuesto en una columna; las propiedades absorbentes de la sílice o del almidón no deben intervenir; las substancias que deben separarse se vierten sobre una columna, disueltas en un disolvente orgánico no miscible con el agua. En estas condiciones, es natural que las substancias más solubles en el agua quedarán retenidas en la parte alta de la columna, mientras que las más solubles en el disolvente orgánico llegarán más abajo.

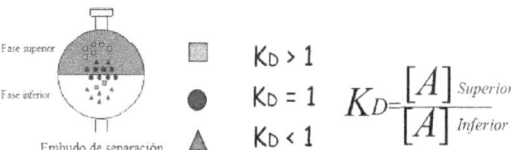

En 1935 ADAMS y HOLMES pudieron lograr la fabricación de la primera resina sintética cambiante. Actualmente existe gran diversidad de resinas presentadas bajo marcas registradas (Amberlitas, Wolfatitas, Fluoridinas, Permutitas, etc.) que tienen caracteres distintos y permiten resolver problemas muy diversos.

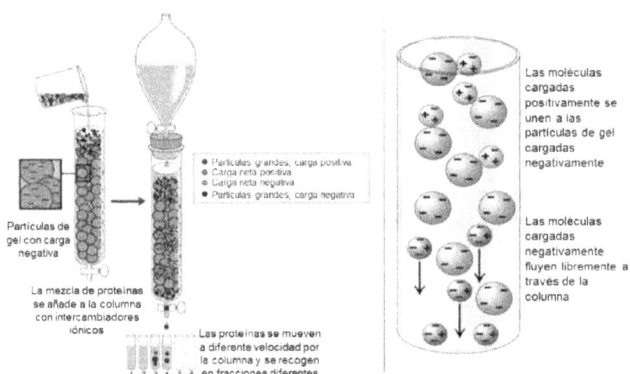

En el dominio de la biología se ha podido realizar la separación de ácidos aminados, incluso de los más próximos entre sí: los ácidos aminados másicos, lisina, arginina, histidina, son absorbidos por resinas ácidas (fluoridina XXF-H) o por la alúmina llamada básica, es decir, que contiene iones Na.

El proceso real por el cual tienen lugar las separaciones no está completamente aclarado, pero se sabe que la cantidad de iones que se fija en la resina aumenta con la concentración de aquellos en la solución; por otra parte, el cambio de iones va acompañado de un aumento de volumen de la resina, y parece que la afinidad de un ion dado para la resina se halla en relación directa con el cambio de volumen de la misma.

El cambio parece ser debido, en parte, a un fenómeno de absorción y, por otra parte, a la atracción electroestática que se ejerce entre el cuerpo examinado, por ejemplo la proteína, y la resina; esta atracción depende de la carga total de la proteína y, en menor parte, de la distribución de esta carga; por esta razón, será posible separar proteínas que tengan, o bien la misma carga total y configuraciones diferentes, o bien cargas diferentes y el mismo peso molecular.

En la separación de los azúcares fosfatados. La solución que deba analizarse se filtra por un cambiador de cationes y luego por un cambiador de aniones, por lo cual las impurezas pasan al producto filtrado; se recuperan los cuerpos fijados haciendo pasar alcohol por la columna de resina. Este método es aplicable para todos los fosfatos orgánicos. Por este procedimiento puede realizarse un análisis cuantitativo: una vez fijados en la columna los constituyentes de la mezcla, se vierten sobre aquella los disolventes que arrastran los productos fijados: a este procedimiento se le llama elución; se recogen los eluídos centímetro cúbico por centímetro cúbico; se analizan éstos cuantitativamente por los procedimientos clásicos, y la suma de todas las cantidades encontradas en los eluídos sucesivos, da la composición total de la mezcla analizada.

Pero la técnica más interesante y que ha dado a la cromatografía su extraordinario desarrollo, es el método llamado de cromatografía en papel. Es debido a : J. P. MARTÍN, Director del Servicio de Química Física del Instituto de Investigaciones Médicas de Londres y R. L. M.; Y SYNGE, bioquímico del Instituto de Investigaciones Rowett (Aberdeen Shire) que lo fijaron en 1944 y que valió a sus autores la atribución del premio Nobel en Química de 1952.

No será hasta mediados del siglo XX cuando aparezcan los primeros equipos de cromatografía de gases. En esa misma fecha empezaría a desarrollarse la cromatografía líquida de alta resolución (HPLC), esta técnica se ha convertido en un método muy versátil de separación. Es utilizada para la caracterización de los componentes de mezclas complejas y tiene aplicación en todas las ramas de la ciencia. Se basa en el principio de retención selectiva. Permite identificar y determinar las cantidades de los componentes analizados.

Las técnicas de cromatografía conforman una serie de métodos que permiten el aislamiento, separación, identificación e incluso la cuantificación de componentes presentes en mezclas complejas. Debido a ello, las técnicas de cromatografía son muy utilizadas en el laboratorio.

1931 – Redescubrimiento de la Cromatografía por Kuhn y Lederer.

1941 – Cromatografía de reparto por Martin y Synge.

1944 – Cromatografía de papel por Gordon, Consden y Martin.

1947 – La Comisión de Energía Atómica, de los Estados Unidos, dio a conocer información sobre el uso de la cromatografía de intercambio iónico para la separación de productos de fisión nuclear.

1952 – Cromatografía de gas-líquido por Martin y James.

1956 – Cromatografía de capa fina por Stahl.

A partir de 1956 – Gracias a los avances de las nuevas técnicas comienza a desarrollarse la teoría de la separación cromatográfica.

1959 – Cromatografía de filtración en gel por Porath y Flodin.

1960 – Comienza el desarrollo del HPLC.

1962 – Se utiliza por primera vez la Cromatografía de Fluídos Supercríticos

III

TÉCNICAS DE CROMATOGRAFÍA

Como ya hemos visto, la cromatografía se fundamenta en el transporte de la mezcla problema a través de una fase estacionaria (sólida o líquida) mediante una fase móvil (líquida o gaseosa). La fase móvil fluye sobre, o a través de, la fase estacionaria.

Existen diversas formas de llevar a cabo un proceso cromatográfico. Depende de cómo se introduce la muestra a separar y cómo se desplaza por la fase estacionaria. Los métodos más comunes son:

- Desarrollo
- Elución
- Desplazamiento
- Análisis frontal

El método más utilizado es el de elución. Consiste en colocar la muestra en una capa delgada, en la parte superior de la columna, lecho cromatográfico o fase estacionaria. La fase móvil fluye a través de la fase estacionaria arrastrando los componentes de la muestra. La velocidad de movimiento diferirá de un componente a otro y permitirá la recogida de los componentes en momentos distintos.

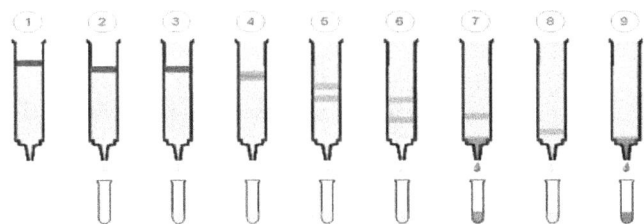

CLASIFICACIÓN

Las técnicas de cromatografía se pueden clasificar de diferentes modos. De hecho, según las fuentes que consultemos, encontraremos clasificaciones que no se encuentran en todos los sitios. Vamos a ver algunas de ellas:

1-Según la disposición de la fase estacionaria

> Cromatografía plana: La fase estacionaria se sitúa sobre una placa plana o un papel.

Según la naturaleza de la fase estacionaria se clasifican en:

- T. de Cromatografía en papel.
- T. de Cromatografía en capa fina.

> Cromatografía en columna: La fase estacionaría se sitúa dentro de una columna.

Según la naturaleza de la fase móvil se clasifican en:

- T. de Cromatografía de líquidos.
- T. de Cromatografía de gases.
- T. de Cromatografía de fluídos supercríticos.

2- según la naturaleza de la fase estacionaria

> Fase estacionaria sólida: Cromatografía de adsorción.
> Fase estacionaria líquida: Cromatografía de partición o de reparto.

3- según el método de separación

> T. Cromatografía de adsorción.
> Cromatografía de reparto.

La separación de las sustancias ocurre con una fase estacionaria líquida y una fase móvil líquida. Es decir, una cromatografía líquido-líquido. También puede efectuarse con una fase móvil gaseosa, siendo una cromatografía líquido-gas.

Dentro de las cromatografías de reparto encontramos las siguientes técnicas:

- Cromatografía en papel
- Cromatografía de gases
- HPLC o Cromatografía líquida de alta resolución
- Cromatografía líquida clásica
- Cromatografía líquida en fase inversa

> T. Cromatografía de intercambio iónico.
> T. Cromatografía de exclusión.
> Cromatografía de afinidad.

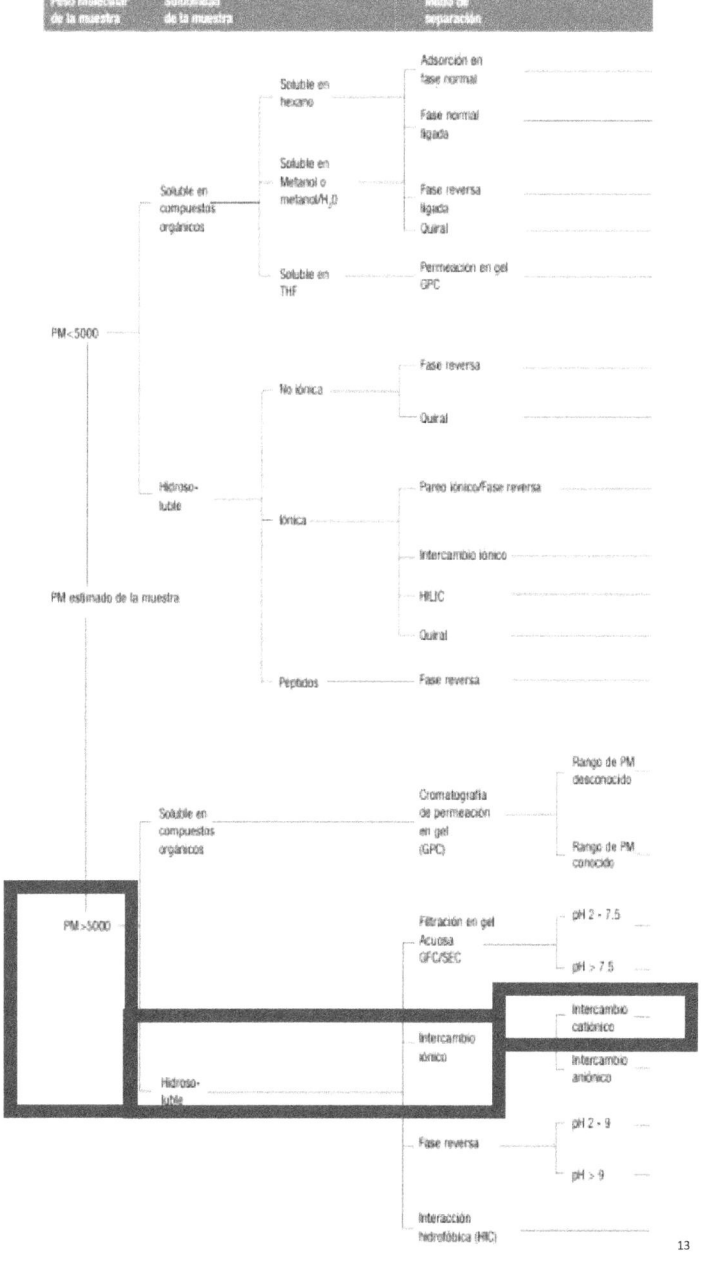

IV

HPLC

En la cromatografía líquida existe un contacto entre dos fases, una fija que suele llamarse fase estacionaria, no polar (columna) y una móvil (fase móvil) que fluye constantemente durante el análisis por la columna, y que en este caso es un líquido o mezcla de varios de ellos.

HPLC significa Cromatografía Líquida de Alto Rendimiento. Antes de que la HPLC estuviera disponible, el análisis de cromatografía líquida se realizaba mediante flujo gravitatorio del eluyente (el disolvente utilizado para la cromatografía líquida) requirió así varias horas para que el análisis se completara. Incluso las mejoras añadidas en el tiempo posterior fueron capaces de acortar ligeramente el tiempo de análisis. Aquellos sistemas clásicos de cromatografía líquida iniciales se denominan "cromatografía de baja presión" o "cromatografía en columna".

En los años 70 en los Estados Unidos, Jim Waters fundó Waters Corporation y comenzó a vender instrumentos de HPLC. Esto promovió el uso de la HPLC en áreas de análisis práctico. Los sistemas de cromatografía líquida que Waters Corporation desarrolló utilizaron una bomba de alta presión que genera un flujo rápido de eluyente a 340 atmósferas de presión y, por lo tanto, dio lugar a una mejora espectacular en el tiempo de análisis.

En comparación con la "cromatografía de baja presión", los nuevos tipos se denominaron "cromatografía líquida de alta presión". Por lo tanto, se utilizó para pensar que la HPLC significa Cromatografía Líquida de Alta Presión, sin embargo, hoy en día es un acuerdo común que la HPLC significa Cromatografía Líquida de Alto Rendimiento.

Actualmente el HPLC es el tipo de cromatografía más usada y más demandada. Sus ventajas respecto a otros métodos son:

- Requiere un pequeño volumen de muestra.
- Automatización de la introducción de la muestra.
- Las columnas pueden reutilizarse repetidamente.
- La detección de las sustancias o analitos puede hacerse con un detector de flujo continuo.
- Permite separación, identificación y cuantificación de analitos.
- Es una técnica rápida.

El HPLC se emplea para múltiples procesos analíticos. Separación de compuestos orgánicos semivolátiles, toxicología, bromatología, separación de aminoácidos... etc.

Dentro del HPLC existen variantes diferentes de la técnica. El propio cromatógrafo puede disponer de componentes diferentes, estos son:

- ➤ Inyectores.
- ➤ Eluyente:
  - ○ Metanol – tampón fosfato.
  - ○ Agua – metanol.
  - ○ Agua – acetonitrilo.
  - ○ Tetrahidrofurano.
- ➤ Bomba.
- ➤ Columna.
- ➤ Detector:
  - ○ Detector de absorbancia UVA-visible.
  - ○ D. de absorbancia infrarroja.
  - ○ D. de fluorescencia.
  - ○ Espectrómetro de masas.
  - ○ Detector electroquímico.
  - ○ D. radioquímico.
- ➤ Integrador/Registrador.

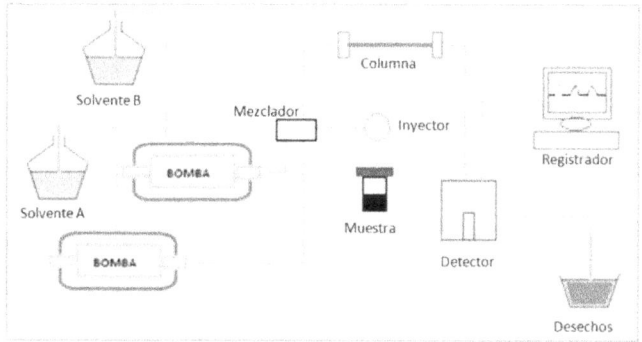

La Cromatografía Líquida de Alta Resolución (HPLC) se utiliza para separar mezclas de productos poco o nada volátiles. La muestra se introduce en el puerto de inyección donde es arrastrada por una mezcla de disolventes (fase móvil) hacía una columna cromatográfica. La diferente interacción de los analitos con la fase móvil y el relleno de la columna permite la separación de los componentes de la mezcla para una posterior detección, caracterización y cuantificación utilizando diversos detectores.

La posibilidad de utilizar diversos procesos de interacción entre analitos y distintas columnas cromatográficas, junto con la opción de seleccionar diferentes detectores (algunos de ellos en serie), hace que sea posible la extracción de un gran volumen de de información permitiendo abordar una amplio abanico de necesidades analíticas.

La fase estacionaria consiste en partículas, generalmente sólidas, pequeñas y con una superficie microporosa, de forma que presenta un amplio desarrollo superficial. Puede estar empaquetada en forma de columna o extendida en forma de capa. En ocasiones es necesario un tratamiento químico de la fase estacionaria para conseguir unas partículas de tamaño y poro adecuados.

Puede ser alúmina, sílice o resinas de intercambio iónico, éstas últimas son matrices sólidas que contienen sitios activos de carga electrostática (positiva o negativa). De esta forma, la muestra se fija al soporte sólido por afinidad electrostática.

Dependiendo de la relación carga/tamaño algunos constituyentes de la mezcla se retendrán con mayor fuerza sobre el soporte sólido que otros, es decir serán adsorbidos, lo que provocará su separación.

Las sustancias que permanecen más tiempo libres en la fase móvil avanzan más rápidamente con el fluir de la misma, y las que quedan más unidas a la fase estacionaria o retenidas avanzan menos y por lo tanto tardarán más en salir o fluir (principio fundamental de la cromatografía).

Interacciones de intercambio iónico

La función de la fase móvil es transportar a los componentes de la mezcla a través del sistema cromatográfico.

En el proceso de separación se produce una competición entre la fase móvil y la fase estacionaria por el componente, y a este proceso se le denomina partición del componente distribuido entre las dos fases. Es decir, se establece un equilibrio entre la concentración del componente presente en la fase móvil y la concentración presente en la fase estacionaria.

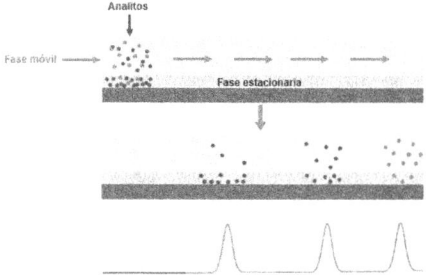

Otro gran cambio fueron los métodos de adquisición de datos. En lugar de observar los cambios de las capas por los ojos, el sistema detector se acopló a la cromatografía líquida y la salida se registró en la carta de papel (cromatograma).

Los métodos cromatográficos actuales más modernos monitorizan la salida de los componentes y eluyentes, esto se consigue conectando a la salida del sistema cromatográfico unos aparatos electrónicos, denominados detectores, que detectan pequeñas cantidades de componentes.

Se representan los valores de la concentración de esos componentes frente al tiempo o al volumen de eluyente y se obtiene unas curvas Gaussianas denominadas cromatogramas, son las curvas de elución que se obtienen y representan la señal recogida por el detector en respuesta a la concentración de analito en función del tiempo o del volumen de fase móvil añadido.

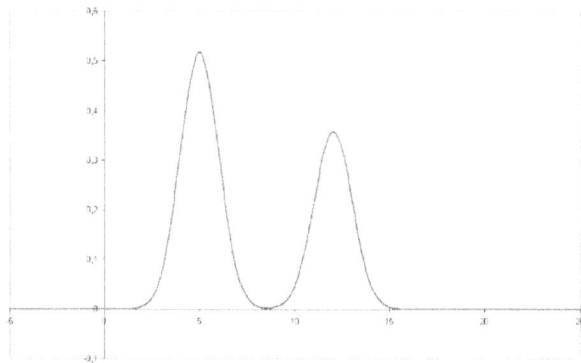

Los picos cromatográficos tienen forma de curva de error normal o Gaussiana. Estas curvas representan la distribución simétrica de los datos replicados alrededor de la media.

PARÁMETROS DE LOS PICOS DEL CROMATOGRAMA

1.- Pico del aire.

Es el que corresponde a la detección de una cantidad muy pequeña de aire que entra a la columna cuando se introduce la muestra en el cromatógrafo.

2.- La línea de base.

Es la parte del registro que corresponde a la fase móvil pura (gas portador, ...).

3.- Altura de pico (h).

Es intensidad máxima registrada por el detector, es la distancia entre la cima del pico y la línea de base. En el caso de que el vértice sea redondeado se trazan rectas tangentes a los dos puntos de inflexión de las laderas; el punto de corte de las dos rectas determina la altura del pico.

4.- Anchura del pico (a).

Es la longitud del tramo de la prolongación de la línea de base, comprendida entre las intersecciones con la misma de las laderas del pico o, en su caso, de las líneas tangentes antes mencionadas.

5.- Anchura del pico en la semialtura (ah/2).

Es la distancia paralela a la línea de base, entre las dos laderas del pico, tomada a la mitad de la altura del pico.

6.- Área del pico (S).

Es la comprendida entre el pico y la prolongación de la línea de base. Precisamente a obtener el valor de este parámetro, en los picos del cromatograma, se dedican los dispositivos integradores.

PARÁMETROS CROMATOGRÁFICOS

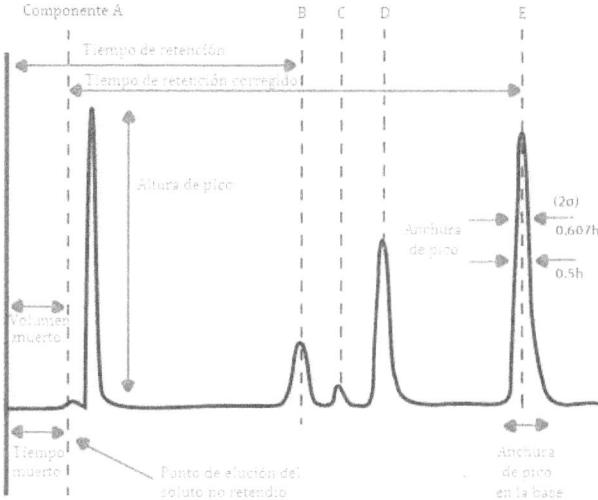

1.- Tiempo cero o tiempo de retención del componente inerte (t0).

El tiempo cero (t0) o tiempo muerto (tm), es el tiempo de retención del componente inerte o gas portador. (tiempo requerido para que una especie no retenida alcance el detector).

2.- Tiempo de retención de un componente (tii).

El tiempo de retención (ti o tR) es el tiempo transcurrido entre el instante en que se introduce la mezcla y el instante en que se detecta la señal propia del componente en su máxima intensidad. Los tiempos de retención no son reproducibles, ni siquiera en una misma columna cromatográfica.

3.- Tiempo de retención corregido de un componente (t'i).

Es le tiempo que transcurre entre la aparición de la señal que corresponde a un componente inerte y a la del componente considerado:

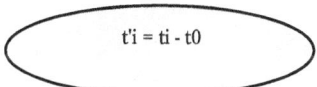

$$t'i = ti - t0$$

4.- Tiempo de retención relativa (rip).

Es la razón entre los tiempos de retención corregidos del componente considerado, i, y de otro, p, que se toma como patrón de referencia

5.- Volumen de retención de un componente (VR).

Es el volumen necesario de fase móvil para transportar el soluto de un extremo a otro del sistema cromatográfico. Se define como:

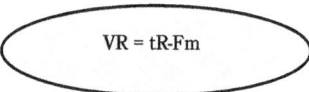

$$VR = tR \cdot Fm$$

donde VR es el volumen de retención expresado como el producto del tiempo de retención de un componente (tR) y el flujo de la fase móvil (Fm).

6.- Volumen cero o muerto (V0 o Vm).

Es el volumen de eluyente que se consume sin que se detecte ningún componente. Se define igual que el volumen de retención pero el tiempo utilizado es el tiempo muerto:

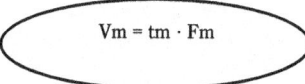

$$Vm = tm \cdot Fm$$

7.- Volumen de retención verdadero (V'R).

El volumen de retención verdadero de un componente es la diferencia entre el volumen de retención del componente y el volumen muerto.

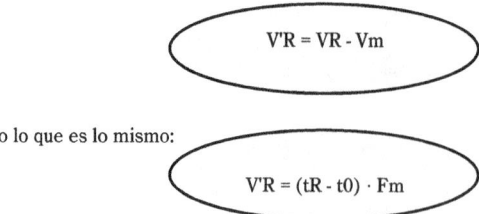

$$V'R = VR - Vm$$

o lo que es lo mismo:

$$V'R = (tR - t0) \cdot Fm$$

8.- Coeficiente de partición o de reparto de un componente (K).

Es el cociente entre la concentración de componente presente en la fase estacionaria y la concentración de componente presente en la fase móvil.

Cs y Cm son las concentraciones de componente presente en las fases estacionaria y móvil respectivamente. El valor de K representa el valor de la pendiente de la recta que se obtiene al representar Cs frente a Cm.

$$A_{móvil} \rightleftarrows A_{estacionaria}$$

$$K = \frac{[A]_{estacionaria}}{[A]_{movil}} = \frac{C_S}{C_M}$$

La distribución de un soluto entre la fase móvil y la estacionaria se puede describir mediante el siguiente equilibrio, para un determinado soluto A:

Siendo K la constante de distribución entre las dos fases y de ella dependerá, en buena medida, el reparto de soluto entre ellas y, por tanto, su separación.

El valor de K se mantiene constante en un amplio intervalo de temperaturas, por lo que existe una proporcionalidad entre las concentraciones de soluto la fase estacionaria y la fase móvil, en cuyo caso se habla de cromatografía lineal y los picos recogidos en el cromatograma son simétricos:

Las asimetrías suelen ser debidas a la presencia en la fase estacionaria de lugares que retienen al soluto con más fuerza que otros o a la inyección de una cantidad excesiva de muestra.

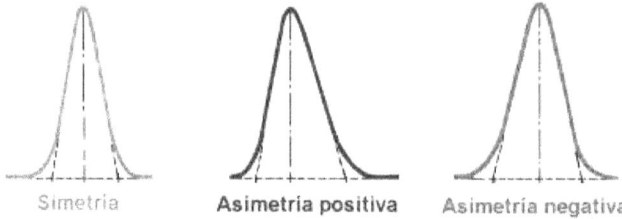

Simetría   **Asimetría positiva**   Asimetría negativa

9.- Velocidad lineal media a lo largo de una columna o velocidad de migración

Es la velocidad lineal media a la que se desplazan las moléculas de soluto a lo largo de una columna.

La velocidad lineal promedio de la migración del soluto a lo largo de una columna de longitud L se define como:

$$\bar{v} = \frac{L}{t_R} \longrightarrow \text{Velocidad promedio de migración}$$

La velocidad lineal promedio de las moléculas en la fase móvil será:

$$u = \frac{L}{t_M} \longrightarrow \text{Velocidad de la fase móvil}$$

Ambas se pueden relacionar así:

$$\bar{v} = u \cdot \frac{\text{moles soluto en la FM}}{\text{moles totales de soluto}}$$

$$\bar{v} = u \cdot \frac{c_M V_M}{c_M V_M + c_S V_S} = u \cdot \frac{1}{1 + \frac{c_S V_S}{c_M V_M}}$$

$$\bar{v} = u \cdot \frac{1}{1 + K \frac{V_S}{V_M}}$$

Esta última expresión relaciona la velocidad de migración del soluto con la constante de distribución y de los volúmenes de las fases móvil y estacionaria.

10.- Factor de selectividad (α).

Es la relación entre los tiempos de retención de dos componentes. El factor de selectividad de una columna para dos solutos A y B se define como:

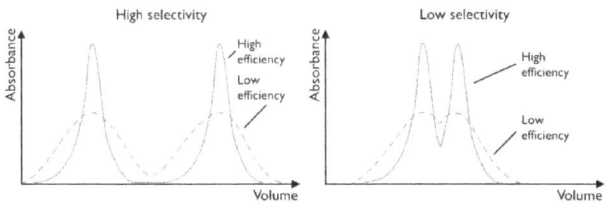

$$\alpha = \frac{K_B}{K_A} > 1$$

$$\text{Siendo } k_A = \frac{K_A V_S}{V_M} \quad y \quad k_B = \frac{K_B V_S}{V_M} \longrightarrow \alpha = \frac{K_B}{K_A} = \frac{k_B V_M / V_S}{k_A V_M / V_S} \longrightarrow \alpha = \frac{k_B}{k_A}$$

$$\text{Como } k_A = \frac{(t_R)_A - t_M}{t_M} \quad y \quad k_B = \frac{(t_R)_B - t_M}{t_M} \longrightarrow \alpha = \frac{(t_R)_B - t_M}{(t_R)_A - t_M}$$

Donde α es el factor de selectividad, $(tR)A$ y $(tR)B$ son los tiempos de retención de los componentes A y B, y KA y KB son los coeficientes de distribución de los componentes. Dependiendo del valor de α se tiene una idea aproximada de cómo será la separación cromatográfica:

-Si $\alpha > 2$ se obtiene una mala separación ya que son necesarios periodos muy largos para realizarla.

-Si $1 < \alpha < 2$ se obtiene una buena separación cromatográfica.

La selectividad es una manera de medir la eficiencia de una separación cromatográfica.

11.- Factor de capacidad (K').

El factor de capacidad relaciona volúmenes o tiempos de retención de un componente respecto a la fase móvil. Se puede definir como el cociente entre las probabilidades de encontrar una molécula determinada de soluto en la fase estacionaria o en la fase móvil, o lo que es lo mismo, el cociente entre el tiempo de permanencia de dicha molécula en la fase estacionaria y en la fase móvil.

$$k_A = K_A \frac{V_S}{V_M}$$

$$\text{Teniendo en cuenta} \longrightarrow \bar{v} = u \cdot \frac{1}{1 + K\frac{V_S}{V_M}} \longrightarrow \bar{v} = u \cdot \frac{1}{1 + k_A}$$

$$\text{Sustituyendo } \bar{v} = \frac{L}{t_R} \text{ y } u = \frac{L}{t_M} \longrightarrow \frac{L}{t_R} = \frac{L}{t_M} \cdot \frac{1}{1 + k_A} \longrightarrow$$

$$\frac{1}{t_R} = \frac{1}{t_M} \cdot \frac{1}{1 + k_A} \longrightarrow t_R = t_M \cdot (1 + k_A) \longrightarrow k_A = \frac{t_R}{t_M} - 1 \longrightarrow$$

$$\longrightarrow k_A = \frac{t_R - t_M}{t_M} = \frac{t_R'}{t_M}$$

Lo ideal es que el valor de los factores de retención de los solutos de una muestra oscilen entre 1 y 10. Valores mucho menores que la unidad indican que el analito sale de la columna en un tiempo próximo al tiempo muerto. Valores mucho mayores indican un tiempo de elución excesivamente largo.

12.- Eficiencia

Para definir la eficacia se utiliza el concepto de piso teórico, y se define éste como la sección teórico-transversal en la cual se realiza el equilibrio de partición durante el flujo de fase móvil. Cuanto mayor es el número de platos teóricos mayor será la eficiencia de la columna (o lo que es lo mismo, cuanto menor sea la altura de plato mayor será la eficacia).

Considera que una columna cromatográfica está constituida por una serie de capas estrechas, discretas pero contiguas, denominadas platos teóricos, en los cuales se establece el equilibrio de distribución de cada soluto entre la fase móvil y la fase estacionaria.

Podemos definir plato teórico como la longitud de una columna en la que el soluto experimenta un equilibrio completo entre las dos fases. El plato teórico es una construcción artifical que nos permite explicar la forma de los picos y la velocidad de desplazamiento a través de la columna.

Como los picos cromatográficos tienen forma de curva gaussiana, la anchura de cada pico está directamente relacionada con la varianza (σ^2) o la desviación estándar (σ).

Se puede deducir que el número de platos teóricos se relaciona con parámetros que pueden deducirse fácilmente de un cromatograma

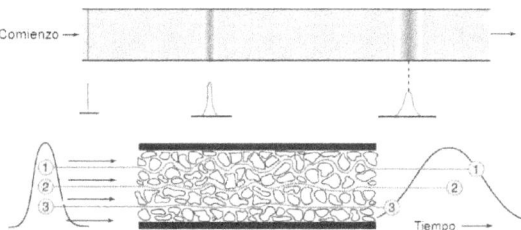

El número de platos teóricos mide la capacidad de la columna para separar los componentes, no la retención de los mismos. La eficiencia o el número de platos se puede observar directamente a partir del cromatograma, observando la agudeza de los picos.

Cuanto más pequeña es la distancia entre los platos, mayor es la eficiencia. Por el contrario, si la altura de cada plato es grande la columna es poco eficiente para separar ese componente ya que sus moléculas estarán muy difundidas.

La velocidad de la fase móvil influye en la eficiencia del sistema cromatográfico, ya que si la velocidad es pequeña los componentes tendrán más tiempo para que se pueda realizar el equilibrio de reparto, por lo que el número de platos será mayor y la altura de los platos menor.

13.- Resolución (R o Rs).

Es el parámetro que expresa el grado de separación que se puede obtener en un sistema cromatográfico para dos componentes dados. Relaciona la capacidad separadora de un sistema cromatográfico para dos componentes.

La resolución puede observarse directamente sobre el cromatograma de picos. Se tendrá una buena resolución si los picos no se solapan, y está perfectamente delimitado cada pico, sin que coincida el final de uno con el principio del siguiente.

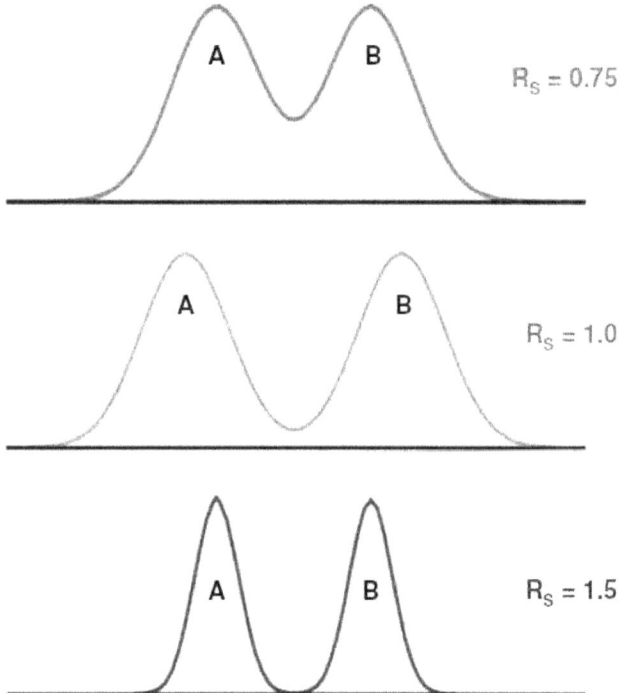

Si el valor de la resolución está próximo a 0,7 se obtendrá una mala resolución quedando los picos solapados, de forma que se distinguen las crestas, pero no la base, y si el valor de la resolución está próximo a 1,5 se obtendrán unos picos bien delimitados por lo que se obtendrá una buena resolución.

Una pobre resolución es debida principalmente a:

- ➢ Hay demasiada muestra en la columna.
- ➢ La columna o placa es corta.
- ➢ La fase móvil no discrimina entre los componentes.
- ➢ La columna es demasiado gruesa.

V

TIPOS DE ANÁLISIS

ANÁLISIS BASADOS EN LA ALTURA DEL PICO

Se pueden realizar estudios cuantitativos de las muestras separadas a partir de las alturas de los picos cromatográficos.

Se consigue mayor precisión cuando tenemos picos bien definidos, agudos, estrechos y simétricos. Teniendo en cuenta que la altura es inversamente proporcional a la anchura del pico, este método se ve muy afectado por las condiciones experimentales (temperatura de la columna, caudal de la fase móvil, velocidad de inyección de la muestra...), por lo que su aplicación es limitada. Puede ser útil en ensayos de rutina o en aquellos en los que se prefiera una mayor rapidez, aunque se pierda exactitud.

ANÁLISIS BASADOS EN LAS ÁREAS DE LOS PICOS

Las áreas de los picos son independientes de la anchura, por lo que estos análisis son más precisos que los basados en las alturas de los picos, aunque su lectura sea más sencilla.

Una forma de estimar el área de los picos es multiplicar su altura por el ancho a la mitad de su altura. En realidad, la mayoría de los cromatógrafos actuales incluyen sistemas de integración electrónicos y programas informáticos que permiten que el analista pueda determinar con precisión las áreas de los picos.

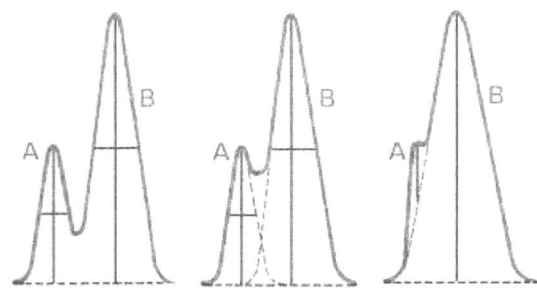

La resolución de algunos picos puede ser problemática. Existen programas informáticos que ayudan al analista a calcular estas áreas.

METODO DEL CALIBRADO

El método más sencillo para llevar a cabo un análisis cuantitativo de una muestra mediante cromatografía implica la preparación de una serie de disoluciones patrón de concentración conocida y de composición similar a la muestra.

Con la información obtenida en el cromatograma, podemos realizar una representación de las áreas o las alturas de los picos en función de las respectivas concentraciones, que permitan establecer una relación lineal que nos servirá para determinar la concentración de la muestra problema.

El error más habitual deriva de la incertidumbre en el volumen de la muestra, que puede ser realmente importante al tratar con muestras de volumen muy pequeño. Por ello, suelen emplearse dos métodos que solucionan este problema:

Método del patrón interno

Se introduce en cada estándar y en la muestra una cantidad exactamente medida de otra sustancia que llamamos patrón interno, cuyo pico cromatográfico esté bien diferenciado. De esta manera, en lugar de utilizar las áreas/alturas de los picos, tomaremos como parámetro analítico la relación existente entre las áreas/alturas de los picos del analito y del patrón interno. Así, aunque haya imprecisión en el volumen inyectado, la relación entre analito y patrón interno no se verá afectada.

Método de la normalización de las áreas

Se procede a la elución completa de todos los componentes de la muestra para determinar las áreas de todos los picos, siendo el parámetro analítico la relación de su área con el área total de los picos. Para poder emplear este método debemos tener mezclas que en las condiciones en las que trabajemos se puedan eluir todos los componentes en un tiempo razonable.

VI
LA HEMOGLOBINA

La hemoglobina en una proteína del interior de los glóbulos rojos que transporta oxígeno desde los pulmones a los tejidos y órganos del cuerpo; además, transporta el dióxido de carbono de vuelta a los pulmones.

Las moléculas de hemoglobina están formadas por cadenas polipeptídicas cuya estructura química está controlada genéticamente.

Las diferentes hemoglobinas, distinguidas por su movilidad elecroforética, se designan alfabéticamente en el orden de su descubrimiento (p. ej., A, B, C), aunque la primera hemoglobina anormal identificada, la hemoglobina de los drepanocitos, se designó hemoglobina S (por Sickle cell, célula falciforme).

Las hemoglobinas estructuralmente distintas con la misma movilidad electroforética se denominan según la ciudad o localidad donde fueron descubiertas (p. ej., Hb S Memphis, Hb C Harlem). La descripción convencional de la composición de hemoglobina de un paciente ubica en primer lugar la hemoglobina de mayor concentración (p. ej., AS en el rasgo drepanocítico).

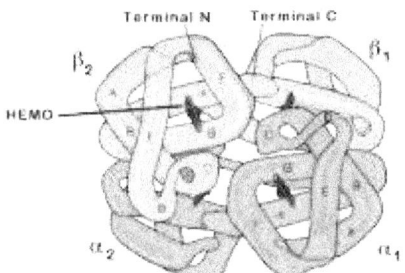

HEMOGLOBINA

La molécula de hemoglobina (Hb) es un tetrámero formado por 2 pares de cadena de globina junto a un grupo hemo unido a cada cadena. Dependiendo de la combinación entre los tipos de globina se sintetizan diferentes hemoglobinas:

- la HbF (Hb fetal)
- la HbA
- la HbA2.

El genoma humano codifica para seis tipos diferentes de cadenas de globinas:

- alfa (α)
- beta (β)
- gamma (γ)
- delta (δ)
- épsilon (ε)
- zeta (ζ),

con una síntesis y asociación diferencial en el estado embrionario, fetal, del recién nacido y adulto.

Estos genes se encuentran en dos clusters (racimos) separados:

- el gen ζ y los dos genes α (globinas símil-α), así como algunos pseudogenes no funcionales, se encuentran en el cromosoma 16.
- Los genes para las cadenas ε, δ, β, y las dos cadenas γ (globinas símil-β) están en el cromosoma 11.

Hasta los 3 meses del desarrollo embrionario se expresan dímeros de cadena ζ que se pueden combinar con las cadenas ε o γ. También existen combinaciones α2ε2.

Durante el desarrollo fetal se expresa mayoritariamente la Hb F (α2γ2), cuyo nivel va disminuyendo hasta estabilizarse en torno a los 12-24 meses de vida postfetal.

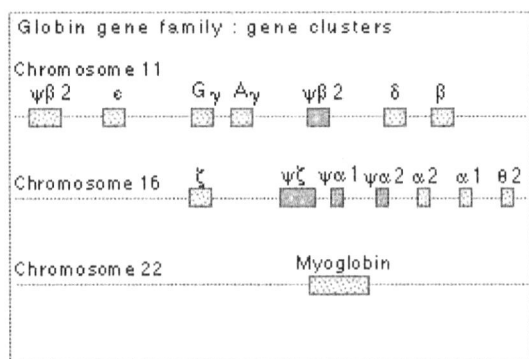

Durante toda la vida adulta tan sólo se forman tres tipos de hemoglobina en individuos sanos, que son el resultado de la unión de dos cadenas α con sendas cadenas símil-β.

La HbF está compuesta por 2 cadenas gamma (γ) y 2 cadenas alfa (α), y pasa de ser la mayoritaria durante la etapa de gestación (constituye entre el 90-95 % de las hemoglobinas), a representar menos del 2-3 % a los 6 meses de edad.

La HbA (formada por 2 cadenas α y 2 cadenas β) por el contrario, y debido al switch fisiológico de las síntesis de cadenas, es la mayoritaria a partir del sexto mes de edad.

la Hb A1 (α2β2), que oscila en torno al 97% de toda la Hb funcional en el adulto y está formada por dos cadenas α (141 aminoácidos) y dos cadenas β (146 aminoácidos)

La HbA2 formada por 2 cadenas α y 2 cadenas deltas (δ) por su parte se sintetiza en pocas cantidades desde el nacimiento, manteniendo una concentración estable minoritaria a partir del sexto mes entre 2,5-3,5 %.

Esta última puede aumentar en circunstancias excepcionales debido a una transcripción ineficiente del gen de la globina δ por diferencias en el promotor y el segundo intrón.

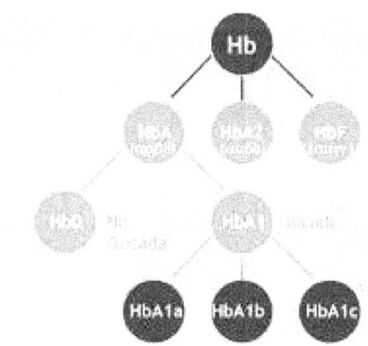

VII

HEMOGLOBINOPATIAS

Las hemoglobinopatías son enfermedades monogenéticas (de herencia mendeliana). Son trastornos genéticos que afectan la estructura o la producción de la molécula de hemoglobina. Las alteraciones genéticas cualitativas o cuantitativas que afectan a las cadenas de globina, pueden ser:

- una modificación estructural (hemoglobinopatías estructurales)

- una disminución de la síntesis de una cadena de globina estructuralmente normal (talasemias).

Su expresión clínica es muy variable y una detección precoz es crucial para un correcto manejo y consejo genético.

CLASIFICACION

ESTRUCTURALES	TALASEMIAS	PERSISTENCIA HEREDITARIA DE HEMOGLOBINA F
Cadenas α	α- talasemia	
Cadenas β	β- talasemia	
Cadenas γ	δβ- talasemia	
Cadenas δ	δ- talasemia	Con deleción
Fusión de Cadenas:	γ- talasemia	
δβ		Sin deleción
βδ		Ligado al cluster β
γβ		No Ligado al cluster β

Clasificación según patología molecular:

- Sustituciones de una única base. HbS, HBC, Hb E

- Variantes de cadena de hemoglobina elongadas (cadenas alargadas). Hb CS

- Cadenas de globinas truncadas (deleción de fragmentos). Hb Leiden, Gun Hill

- Hemoglobinas de fusión (hibridización anómala). Hb Lepore

- Talasemias

Clasificación según Fenotipo
I-Propiedades físico-químicas alteradas -HbS (polimerización deoxihb S): síndromes drepanocíticos -HbC (cristalización): anemia hemolítica, microcitosis
II-Variantes de Hemoglobina Inestables -Anemia hemolítica de cuerpos de Heinz Congénita
III- Variantes con afinidad al O_2 alterada -Variantes con alta afinidad: eritrocitosis -Variantes con baja afinidad: anemia, cianosis
IV-Hemoglobina M -Metahemoglobinemia, cianosis.
V- Variantes que causan un fenotipo talasémico

HEMOGLOBINOPATÍAS ESTRUCTURALES

Están causadas por variantes de secuencia de la Hb que en un 90% se deben a mutaciones puntuales que provocan la sustitución de un único aminoácido, con frecuencia de los casos en la proximidad del grupo hemo.

En el 10% restante, la cadena polipeptídica es anormalmente corta o larga como resultado de errores de terminación, cambio de marco de lectura, inserciones, deleciones o cadenas fusionadas o híbridas.

La mayoría afectan a las cadenas α o β, y una buena cantidad de variantes que han sido descritas no causan ningún fenotipo clínico. Su nomenclatura se basa en la asignación de una letra del abecedario, una localización geográfica, o el nombre de la familia donde se encontró el caso índice de la variante.

En las variantes homocigotas de cadena β, no existen cadenas β normales (y por tanto tampoco hay Hb A1). Como las cadenas α, δ y γ son normales, la Hb F y Hb A2 son estructuralmente normales, aunque su cantidad puede estar más elevada. Las variantes estructurales más prevalentes por mucho son las Hb S, C, D y E, todas ellas mutaciones puntuales de la cadena β.

En los heterocigotos para variantes estructurales de cadena α, los tres tipos de hemoglobinas del adulto se verán afectadas y, por tanto, se observarán seis formas de hemoglobina, tres normales y tres anormales.

Existen también los dobles heterocigotos para todas estas hemoglobinopatías, tanto estructurales como talasémicas.

El cuadro clínico es muy variable y depende en definitiva del tipo y la localización de la mutación, que determinan la configuración espacial de la molécula y sus propiedades físicas, que se manifestarán como:

- polimerización intracelular (Hb S, Hb C)
- alteración de su afinidad por el oxígeno (Hb Kansas)
- inestabilidad de la molécula (Hb inestables)
- acumulación de metahemoglobina (Hb M)
- con expresión talasémica (Hb Lepore)

En la actualidad hay descritas más de 1200 variantes estructurales de hemoglobinas, debido principalmente a un cambio de aminoácido.

Este cambio aminoacídico puede alterar las características fisicoquímicas de la variante condicionando su solubilidad, estabilidad, afinidad por el oxígeno y función fisiológica siendo responsables de las manifestaciones clínicas de los pacientes afectos.

La hemoglobina S (HbS) es la hemoglobinopatía estructural más frecuente, seguida de la HbC, HbD, HbE y Hb Lepore.

Las guías internacionales recomiendan realizar el diagnóstico de la presencia de hemoglobinas variantes mediante dos métodos distintos. Los métodos más utilizados son el HPLC, electroforesis alcalina y ácida, isoelectroenfoque o test de falciformación, entre otros.

En ocasiones la combinación de estos métodos no es suficiente y se requiere la confirmación molecular para poder tipificar la hemoglobina anómala estructural.

En 1975 el International Committee for Standardization in Hematology (ICSH) realizó un documento con una serie de recomendaciones para el diagnóstico de hemoglobinas anormales y talasemias, el avance de algunas de las tecnologías ha cambiado este enfoque y la disponibilidad y avances de la cromatografía líquida de alta resolución (HPLC) ha simplificado mucho la investigación de estas enfermedades.

TALASEMIAS

Las talasemias son un conjunto de enfermedades genéticas que afectan a los genes de las cadenas de globina produciendo una disminución o ausencia en la síntesis de una o más cadenas de globina. Esta disminución/ausencia de cadenas de globina produce una reducción de la formación de las hemoglobinas de la cual forman parte, originando un hematíe de menor tamaño (microcítico) y con menor contenido de hemoglobina (hipocromo).

En contraposición existirá un aumento de aquellas hemoglobinas en las que la cadena de globina afectada no forma parte, ayudándonos en el diagnóstico diferencial.

Las talasemias son frecuentes en países del Mediterráneo, Sudeste de Asia, Oriente Medio, África e India.

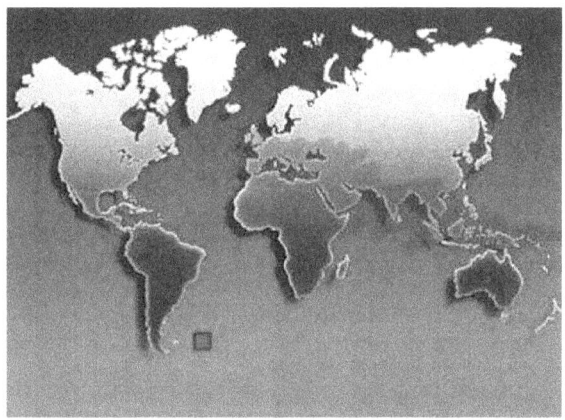

CLASIFICACIÓN DE LAS TALASEMIAS

según la cadena de globina afectada:

> α o β-talasemia (mayoritarias) se originaría si la mutación afecta al gen de la α o β globina respectivamente.

> δ, $\delta\beta$, $\gamma\delta\beta$ y $\varepsilon\gamma\delta\beta$-talasemias (menos frecuentes) sí se afecta otro tipo de cadena de globina.

> talasemias donde la síntesis de cadena de globina está ausente representandose como $\alpha°$, $\beta°$, $\delta°$, etc.

> talasemias donde la síntesis de cadena de globina puede estar disminuida como $\alpha+$, $\beta+$, $\delta+$, etc.

La observación morfológica de las talasemias es de gran ayuda, revelando una microcitosis con hipocromía.

Los valores cuantitativos obtenidos en el hemograma (elevación del número de hematíes junto a microcitosis) también son de ayuda para la sospecha de una talasemia, aunque no siempre. La anemia puede estar o no presente. En algunos casos la amplitud de distribución eritrocitaria (ADE) está aumentada reflejando una anisocitosis. También se observa poiquilocitosis con presencia de eliptocitos, dianocitos, punteado basófilo y en ocasiones dacriocitos y algún eritroblasto circulante. La reticulocitosis es relativamente frecuente debido a la hemólisis crónica. Estos hallazgos morfológicos junto a los valores hematimétricos obtenidos estarán más o menos acentuados dependiendo del tipo de talasemia y de la mutación responsable.

El diagnóstico de β y δβ-talasemias se puede realizar a partir de la combinación de los resultados aumentados de la HbA2 y/o HbF obtenidos principalmente por HPLC, aunque también por EC (electroforesis capilar). En cambio para el diagnóstico de las α-talasemias es necesario el uso de técnicas moleculares.

La realización de técnicas como el HPLC o la electroforesis no permite detectar la presencia de una α-talasemia, ya que en una α-talasemia la disminución de la síntesis de cadena α afectaría a las tres hemoglobinas de las que forma parte (HbA, HbF y HbA2). Es por ello que su detección debe realizarse por técnicas moleculares como PCR-Gap, MLPA (high resolution ligation-dependent probe amplification), Southern blot o secuenciación. De todos modos, una reducción del nivel de HbA2, en ausencia de ferropenia y un hemograma con microcitosis e hipocromía puede indicar una posible α-talasemia, ya que la concentración de la HbA2 es lo suficientemente estable y minoritaria para evidenciar los cambios de síntesis de cadena (en la HbF y HbA no serían tan marcados porque su porcentaje es mayor).

Solo la presencia de la HbH o Hb de Bart pueden ser detectadas por HPLC o EC al tratarse de hemoglobinas anómalas de elución rápida formadas por tetrámeros de cadena beta (b4) o gamma (4g) respectivamente.

VIII

β -TALASEMIAS

Las β-talasemias resultan de la síntesis reducida (β+) o ausente (β°) de cadenas β-globina. Las cadenas de β-globina están codificadas por el gen HBB (gen β) incluido en la familia de genes β y situado en un cluster de 45 kilobases (kB) en la sección 15.5 del brazo corto del cromosoma 11 (11p15.5).

Se han descrito alrededor de 400 mutaciones en el gen HBB responsables de las β-talasemias, siendo molecularmente de una elevada heterogeneidad genética.

Según el tipo de β-talasemia se pueden originar cuatro cuadros clínicos de menor a mayor gravedad

CLASIFICACIÓN DE LAS β-TALASEMIAS

> ➤ El portador silente: no muestra alteraciones clínicas, ni hematológicas presentando un hemograma anodino.
> ➤ talasemia minor (rasgo talasémico o β-talasemia heterocigota) : microcitosis, hipocromía y anemia en algunos casos, siendo clínicamente asintomática.
> ➤ talasemia intermedia , la disminución de la hemoglobina es más marcada (Hb: 7-10 g/dL) con valores también más disminuidos para el VCM y la HCM. Debido al desbalance de cadenas se observa

una eritropoyesis ineficaz y hemólisis crónica con aumento de reticulocitos.

➢ talasemia mayor o anemia de Cooley, enfermedad con ausencia de cadenas β, presenta una manifestación clínica con anemia severa (Hb<7g/dL), hepatoesplenomegalia, retraso en el crecimiento y deformida-des óseas.

El diagnóstico de las β-talasemias se basa en el aumento de la concentración de la HbA2 (>3,5 %) debido a un aumento en la síntesis de cadena δ como consecuencia de la mutación en el gen HBB. Y al Fe entre 0,1 % y 7% .

Los valores para la HbA2 pueden oscilar entre 3,5 % y 8,5 %, y por encima de este valor hay que sospechar de la presencia de una hemoglobina variante y no de una β-talasemia.

Hay que tener presente que existe un porcentaje de β-talasemias con valores de HbA2 dentro de la normalidad. En aproximadamente el 50% de los casos de β-talasemias la HbF puede estar aumentada, dependiendo del tipo de mutación.

En la mayoría de laboratorios, para la cuantificación de los porcentajes de HbA2 y HbF se utilizan técnicas como la cromatografía líquida de alta resolución (HPLC) o la electroforesis capilar (EC).

Las mutaciones que afectan a los genes β (HBB) y δ (HBD). Son menos frecuentes que las β-talasemias pero de igual complejidad molecular. Al no estar afectado el gen γ, los pacientes afectos de una δβ-talasemia presentan una elevación en la síntesis de HbF ($2\alpha2\gamma$) entre un 5-20 % con niveles de HbA2 normal (heterocigoto) o disminuido (homocigoto).

Se puede detectar por electroforesis pero su cuantificación se debe realizar mediante HPLC o EC. El estado heterocigoto fenotípicamente es similar al rasgo β-talasemia, mostrando en el hemograma una hemoglobina entre 8-13 g/dL con microcitosis, hipocromía, un RDW incrementado (en las β-talasemias no siempre) y reticulocitosis. Las características morfológicas también son similares a las halladas en las β-talasemias. El estado homocigoto se comporta como una talasemia intermedia y no como una mayor debido a su concentración de HbF alrededor del 100 %, presenta una anemia más o menos severa (Hb: 9-10 g/dL), con reticulocitosis por hemólisis crónica y presencia de esplenomegalia en algunos casos.

IX

MÉTODOS DIAGNÓSTICOS

Para la identificación correcta de una variante de hemoglobina las guías internacionales recomiendan al menos el uso de 2 métodos diagnósticos diferentes

las principales pruebas analíticas disponibles en el laboratorio para el cribado y diagnóstico de las hemoglobinopatías. En ocasiones, el diagnóstico definitivo requiere la confirmación mediante el uso de técnicas moleculares que no se tratarán en el documento. Algunas de las más utilizadas son PCR-Gap, PCR con enzimas de restricción, MLPA (high resolution ligation-dependent probe amplification), Southern blot o secuenciación del DNA..

HEMOGRAMA

La determinación del hemograma es una de las pruebas de laboratorio más demandadas en la rutina diaria, siendo fundamental en la sospecha inicial de una talasemia. Las talasemias se caracterizan por presentar una microcitosis (VCM < 80 fL) con hipocromía (HCM < 27 pg) y en ocasiones aumento del número de hematíes por compensación. El primer paso es realizar el diagnóstico diferencial con una anemia ferropénica, también microcítica e hipocroma.

En las talasemias, en ausencia de ferropenia, con los índices eritrocitarios revelando una microcitosis hipocroma se debe proceder a realizar pruebas como el HPLC, elecroforesis en acetato de celulosa o electroforesis capilar para la detección de hemoglobinopatías.

En la actualidad, gracias al avance tecnológico los autoanalizadores de hematimetría disponen de nuevos parámetros que reflejan de manera precoz la eritropoyesis, ofreciendo un valor añadido en el diagnóstico diferencial ante una microcitosis.

CROMATOGRAFÍA LÍQUIDA DE ALTA RESOLUCIÓN

La cromatografía de intercambio catiónico (HPLC) es un método utilizado para el cribado de variantes de hemoglobina, incluyendo el neonatal cuando éste es necesario y para la cuantificación de las concentraciones de hemoglobina A2 y hemoglobina F.

Después de la identificación de las hemoglobinopatías y síndromes talasémicos, y particularmente en los casos que deba establecerse diagnóstico molecular, debe realizarse la definición de las deleciones o mutaciones presentes.

La cuantificación de HbA2y HbF y la detección y cuantificación de las variantes de la hemoglobina es una herramienta esencial en el diagnóstico de hemoglobinopatías como la talasemia o los síndromes de células falciformes.

Debido a la estrecha separación entre los valores normales y patológicos de la HbA2, la calidad analítica estricta de la medición de HbA2 la HPLC es un requisito esencial para un diagnóstico exacto, en particular para el asesoramiento genético cuando se deben identificar las parejas en riesgo.

La técnica de HPLC-CE es sensible y precisa en el estudio de un gran número de muestras, lo cual se logra en muy corto tiempo, tiene un alto poder de resolución y reproducibilidad de los resultados. En todo paciente con anemia hemolítica congénita, la detección de estas patologías es de suma importancia para lograr un adecuado monitoreo, establecer un tratamiento precoz, consejo genético y un manejo terapéutico multidisciplinario

La cromatografía Líquida de Alta Resolución (HPLC) de intercambio iónico es una técnica rápida, precisa y reproducible para la detección de diferentes fracciones de hemoglobinas humanas. Utiliza una columna constituida por una resina de sílica gel como fase estacionaria sobre la que se eluye la muestra (lisado de hematíes).

Las diferentes hemoglobinas quedarán retenidas más o menos tiempo en la columna en función de su interacción iónica. A continuación se ejerce un gradiente de tampones (fase móvil) con fuerza iónica y pH crecientes, permitiendo la elución de las diferentes hemoglobinas y siendo detectadas por un fotómetro a 415 nm a partir de los cambios de absorbancia.

Las distintas hemoglobinas eluyen a un tiempo determinado y reproducible para cada analizador y kit utilizados.

Se debe tener en cuenta la temperatura a la que produce el proceso de elución de hemoglobinas para asegurar que los tiempos de retención sean adecuados.

El HPLC es una técnica que permite, a parte de la separación y detección de hemoglobinas, la cuantificación de HbF y HbA2 de manera precisa. Para ello, es necesario el ajuste de 2 niveles de calibradores y procesamiento de controles valorados.

En la actualidad, muchos laboratorios utilizan el HPLC como primer método en el screening diagnóstico de las hemoglobinopatías.

Ventajas que ofrece esta técnica

➢ poco laboriosa
➢ automatizada
➢ análisis de gran número de muestras
➢ requiere poco volumen (alrededor de 5 µL de muestra)
➢ identifica provisionalmente un gran rango de hemoglo-binopatías variantes

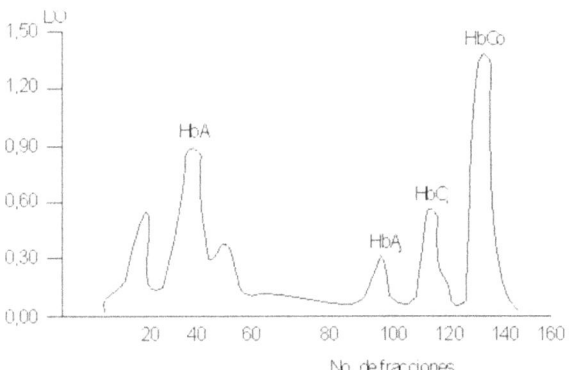

La cuantificación tanto de la HbA2 como de la HbF permite el diagnóstico de β y δβ-talasemias siendo el método de elección.

Hay que tener presente que en los cromatogramas obtenidos se observa fracciones glicosiladas y acetiladas de las hemoglobinas variantes que dificultan su interpretación y en ocasiones pueden incrementar falsamente el porcentaje de HbA2, como en presencia de HbS. Por lo que se requiere una interpretación minuciosa de cada cromatograma teniendo en cuenta que diferentes variantes de hemoglobinas pueden presentar un tiempo de retención similar, siendo necesario técnicas adicionales para su identificación.

Para la identificación de portadores de hemoglobinopatias nos basamos en el hemograma: Hb, MCV y MCH; y en el estudio de hemoglobinas: cuantificación de la HbA₂ y HbF, identificación y cuantificación de variantes de Hb.

El estudio de Hbs es hecho por tecnología de HPLC, la identificación de variantes de Hb necesita, a veces, ser complementada con isoelectroenfoque (IEF) u otro tipo de electroforesis de Hbs.

ELECTROFORESIS ALCALINA Y ÁCIDA

El tipo de electroforesis más utilizada es la electroforesis en acetato de celulosa o gel de agarosa a pH alcalino con pH entre 8,2-8,6. A este pH la hemoglobina está cargada negativamente y migra hacia el ánodo (+). Este procedimiento permite la separación, en función de su carga y composición, de la mayoría de hemoglobinas variantes más comunes como la HbS, HbC, HbE, HbH, HbLepore y algunas otras variantes menos frecuentes. Sin embargo algunas hemoglobinas anómalas a pH alcalino migran en posiciones similares, como HbS, HbG, HbD y HbLepore o la HbC, HbE, HbA2 y HbO-Arab, requiriendo otros métodos para poder identificarlas.

En estos casos, el método complementario más común es la EF en medio ácido (pH: 6,0-6,2) en gel de agarosa, aunque también se puede utilizar el isoelectroenfoque. A pH ácido la carga de las hemoglobinas es diferente y los patrones de migración cambiarán. La EF ácida permite la separación de la HbC de la HbE, la HbO y la HbA2 (Figura 12).

Como ventajas, la EF es una técnica sencilla y coste-efectiva para laboratorios con bajo volumen de muestras, permitiendo la identificación de la mayoría de hemoglobinas anómalas.

En cuanto a inconvenientes, se trata de una técnica relativamente laboriosa, ya que requiere una preparación manual. Es necesario lavar los hematíes con solución salina, ya que la presencia de paraproteínas plasmáticas puede interferir en la separación de hemoglobinas. No permite la cuantificación de HbA2 y HbF siendo preferible el uso de HPLC o EC y no permite la diferenciación de algunas hemoglobinas variantes . No es sensible a la detección de variantes con un porcentaje bajo.

No es un método utilizado inicialmente en el cribado diagnóstico de hemoglobinopatías, pero sí es una buena técnica complementaria.

ELECTROFORESIS CAPILAR

La electroforesis capilar es un método incorporado hace relativamente pocos años en la detección de las principales variantes de hemoglobina, así como para la cuantificación de la HbA2 y HbF.

La EC presenta una gran cantidad de ventajas comparables con el método de HPLC.

INTERPRETACIÓN DE RESULTADOS

La correcta interpretación de los resultados obtenidos ante la sospecha de una hemoglobinopatía requiere de la valoración de:

➢ las manifestaciones clínicas del paciente
➢ los resultados del conjunto de pruebas relacionadas:
   ○ el hemograma
   ○ la revisión del frotis
   ○ el metabolismo del hierro en primera línea
   ○ técnicas comol HPLC, EF o EC posteriormente
   ○ tener presente todos aquellos factores, genéticos y adquiridos que pueden interferir en los resultados obtenidos reportando un comentario interpretativo del estudio completo.

Debemos evitar la simple validación de resultados.

X

HPLC-CE

Para detectar las distintas hemoglobinas: HbA, HbF, Hb A2, HbS y HbC y su cuantificación para el diagnóstico de Hemoglobinopatías por la técnica de Cromatografía líquida de alta presión, de intercambio catiónico (HPLC-CE)se necesita 10 ml de sangre periférica en un tubo con EDTA como anticoagulante.

Los componentes analíticos individuales se encuentran:
- el sistema de bomba (2 bombas de doble pistón)
-el dispensador automático de muestras
-el detector de longitud de ondas
-3 reservorios de reactivos
-tanque de desechos

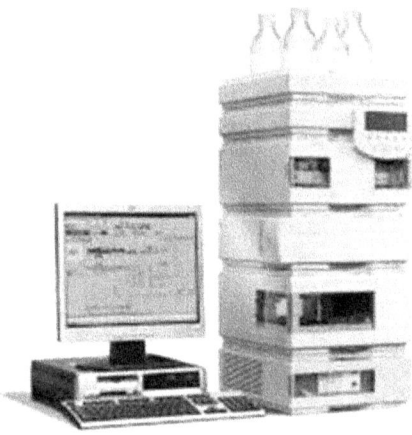

Las muestras se someten a un hemolizado rápido, por parte del operador y se incorporan al flujo analítico mediante inyección automática, estas pasan a través de la columna que contiene una resina de intercambio catiónico.

Entre cada inyección de las muestras, el dispensador automático se lava con una solución acuosa a fin de minimizar la posibilidad de mezclar las muestras entre sí.

La elusión y separación de los diferentes componentes se realiza utilizando dos tampones, por ejemplo de fosfato de sodio, los cuales forman un gradiente de 4 g/L (tampón A) a 14 g/L (tampón B) a pH 6.4.

La separación de las hemoglobinas presentes se obtiene en tan sólo 6 minutos más o menos, por muestra. Los componentes separados pasan a través del detector de doble longitud de onda a 415 nm y 690 nm.

Los datos de absorbancia son transmitidos desde una unidad de procesamiento central(CPU) y mostrados como un Cromatograma de tiempo real (gráfico de tiempo vs absorbancia).

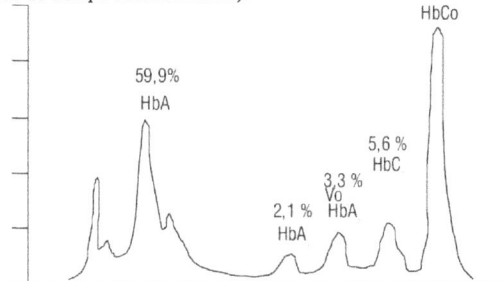

El HPLC-CE es un método rápido, sensible y preciso para la detección de variantes de hemoglobinas y talasemias.

Las ventajas de utilizar este método automatizado, sobre los métodos convencionales de electroforesis, cromatografía en microcolumna y la técnica de desnaturalización por álcalis, son:

1) Permite analizar y cuantificar simultáneamente las Hb A, Hb A2y Hb F, así como alguna variante de hemoglobina, en una sola preparación, lo cual se traduce en un menor tiempo y mayor economía.

2) Permite el estudio de numerosas muestras en un corto período de tiempo manteniendo un alto nivel de reproducibilidad y precisión.

3) Es el único método que permite diferenciar a la Hb A2de la Hb C, obteniendo un patrón de resolución completamente diferente, debido a que con el método convencional de electroforesis a pH alcalino, éstas migran en la misma posición, lo que dificulta su detección. La separación, en un solo paso, de la Hb C y de la Hb A2es una gran ventaja, especialmente en poblaciones tan mezcladas como la nuestra donde tienen una alta incidencia.

Los niveles de hemoglobina A2son variables de acuerdo a la mutación que ocasione este trastorno. La utilización de este método con medidas tan precisas, como las obtenidas, permite inferir cuál es la mutación presente lo cual facilita el diagnóstico molecular cuando éste puede ser realizado o ayuda para el consejo genético y asesoría al equipo multidisciplinario que maneja estos casos, permitiendo así establecer las clasificaciones de acuerdo a la severidad de la mutación en $\beta+$ o β °.

En estudios poblacionales la técnica de HPLC tiene la ventaja de ser más rápida y permite el estudio de un mayor número de muestras, obteniendo resultados en pocos minutos, aún así no se deben excluir el uso de los métodos convencionales de electroforesis de hemoglobina en vista de que algunos casos necesitan estudios complementarios para su identificación y así poder utilizar la vasta experiencia que se tiene en esta metodología.

En todo paciente con anemia hemolítica congénita, el estudio de la β-talasemia y las variantes de hemoglobinas es sumamente importante para lograr un adecuado monitoreo, de manera de establecer un tratamiento precoz, consejo genético y un manejo multidisciplinario. Además, este diagnóstico es indispensable en los hospitales debido a la gran incidencia de estas enfermedades en la población, especialmente en los estratos sociales bajos y ciudades costeras más pobladas, lo cual conlleva a un alto costo hospitalario y humano.

En el manejo terapéutico de los regímenes de hipertransfusión en pacientes drepanocíticos, el HPLC-CE ha sido de gran utilidad ya que la cuantificación de Hb A y Hb S es inmediata, representando ésto un gran aporte para estos pacientes, pudiendo reemplazarse casi en su totalidad la Hb S presente, tanto para intervenciones quirúrgicas como para el manejo de las crisis propias de la enfermedad.

Previo a la utilización de la técnica de HPLC-CE, numerosos pacientes doble heterocigotos Hb S- β-talasemia no eran diagnosticados adecuadamente, especialmente aquellos que carecían de estudios familiares, siendo catalogados como Hb S homocigota.

En 1998 demostraron que la incidencia del doble heterocigoto Hb S- β-talasemia jugaba un papel muy importante como modulador del síndrome drepanocítico y determinaron la presencia de los tres diferentes fenotipos Hb S- β-talasemia en la población.

Por este motivo, se hace indispensable realizar un diagnóstico diferencial entre pacientes drepanocíticos puros y pacientes con drepanocitosis-β-talasemia, los cuales habitualmente eran catalogados como "Tara drepanocítica sintomática", por la presencia de Hb A en estos casos.

Con la implementación dela técnica de HPLC-CE este problema fue resuelto, debido a que la cuantificación de HbA2 se realiza automáticamente.

El uso del equipo automatizado deHPLC-CE para el estudio de variantes hemoglobínicas, es sumamente útil en estudios poblacionales, centros de tratamiento de pacientes drepanocíticos y en pesquisa neonatal y los métodos convencionales siguen jugando un papel importante especialmente en el diagnóstico de variantes no endémicas.

BIBLIOGRAFÍA

- https://www.labmedica.es/hematologia/articles/294767861/analiza
dor-de-cromatografia-liquida-para-deteccion-de-
hemoglobinopatias.html
- Revista Journal of Laboratory Hematology- *LabMedica en
español Actualizado el 25 Jan 2017*

- elhospital.com/temas/H50,-analizador-automatico-de-hemoglobina-
glicosilada-con-tecnologia-HPLC+107696
- revistahematologia.com.ar/index.php/Revista/article/view/39
- ARTÍCULO ORIGINAL HEMATOLOGÍA Volumen 22 n° 3: 269-
276Septiembre - Diciembre 2018
- EDUCACIÓN CONTINUADA EN EL LABORATORIO CLÍNICOEd
Cont Lab Clín; 28: 53-71
- DIAGNÓSTICO   DIFERENCIAL   DE   LAS
HEMOGLOBINOPATÍAS.Dr. Cristian Morales-Indiano.
- Invest Clin 45(4): 309 - 315, 2004 Ventajas de la Técnica de
CromatografíaLíquida de Alta Presión (HPLC-CE) en elestudio de
Hemoglobinopatías en Venezuela.
- Laboratori Unificat Metropolitana Nord (LIMN). Hospital Germans
Trías i Pujol. Badalona
- La Asociación Española de Pediatría
- Diagnóstico de hemoglobinopatías a partir de sangre del talón de
recién nacidos en diferentes centros hospitalarios de Venezuela
- Blog de Laboratorio Clínico y Biomédico Hematología, bioquímica,
microbiología, inmunología, banco de sangre, toma de muestras y
más.Técnicas   de   Cromatografía   22/02/2017   por   Francisco
Rodríguez
- bloggenetica2b17.blogspot.com/2016/04/diagnostico-y-tratamiento-
de-las.html
- digitum.um.es › T. 14 Tecnicas analiticas en toxicologia
- universidad de alicante Servicios Técnicos de Investigación
- Fundación Argentina de Talasemia
- BIOLOGÍA MOLECULAR EN HEMOGLOBINOPATÍAS
- Guía de Práctica Clínica NORMATIZACIÓN DEL ALGORITMO
DIAGNÓSTICO   DEL   LABORATORIO   PARA
HEMOGLOBINOPATÍAS
- cienciaonthecrest.com/2015/08/05/aplicaciones-de-la-
cromatografia/.Blog de Enrique Castaños dedicado a la enseñanza y
la divulgación de la ciencia
- researchgate.net/publication/200048794_Separacion_de_hemoglo
bina_A2_y_hemoglobina_C_por_cromatografia_en_carboximetilce
lulosa_CM-52_con_amortiguador_imidazol-HCl-KCN-NaCl.

- mytutorial.srtcube.com/high-performance-liquid-chromatography-hplc/environment-science/826-528.
- ailinxio.blogspot.com/2013/12/cromatografia-liquidade-alta-eficacia.html

- *Colegio Nacional de bacteriología:* Correlación entre el Frotis de Sangre Periférica (FSP) y el Hemograma en las diferentes Hemoglobinopatías
- Revista Colombiana de Ciencias Químico - Farmacéuticas Rev. colomb. cienc. quim. farm. vol.46 no.2 Bogotá May/Aug. 2017